観察者と光の反射

Peter D. Geldar

RASC会員

Google翻訳による英語からの翻訳

観察者と光の反射

ピーター・D・ゲルダート
RASC会員
geldartp@gmail.com

約3,500語 (Enlish)
4インチ×6インチ
32ページ

Google翻訳による英語からの翻訳

2025

Petra Books
MBO Coworking
78 George Street, Suite 204
Ottawa, ON K1N 5W1, Canada

表紙：オンタリオ湖に輝く半月。2013年8月18日午前4時30
　　分、カナダ、オンタリオ州プリンスエドワード郡から南西
　　方向を望む。トリミング済み。　（著者撮影）

短縮版は、以下の雑誌に初掲載されました：
Reflector, v76, n3, p11, 06 / 2024, The Astronomical League
および
Amateur Astronomy Magazine, issue 123, p48, 2024.

抽象的な

　　私たちは常に放射線に晒されていますが、私たちの視界は可視スペクトル、約10分の1秒の感度、そして自分の位置によって制限されています。これらの制約は、単なる制約ではなく、私たちが世界をナビゲートし、観察し、考えるための枠組みを提供してくれます。著者は、水面に映る月光や雪面に映る太陽光といった、一見当たり前の現象を例に挙げ、私たちの位置が極めて重要であることを示しています。私たちが動くと、明るい鏡面反射が拡散した背景の上に現れ、私たちの後を追ってきます。

Geldart

導入

　　私たちの周りの光について、そして私が見ているものを決定する上で、私の位置がいかに重要であるかについて考えることに興味があります。ミクロ物理学や心理学にはあまり関心がありませんが、私が物理世界に埋め込まれていることに関心があります。私は、経験、直感、そして理性に基づいて理解する連続体の中で、瞬間瞬間に繋がる光の断片を通して、周囲の状況を認識しています。[1] 動くと視点が変わり、明るい面や影になっている面、物体の重なり具合が変わります。全知の存在が認識できる電磁放射線のうち、私たちが見ているのはほんの一部です。しかし、この主観的な視点は、形、景色、星々を識別できる明晰さを与えてくれます。おかげで私たちは科学や哲学を行うことができるのです（とはい

1　経験がなければ、幼児は周囲の視覚的状況を把握することができません。それは、月のような見知らぬ惑星に新しく到着した宇宙飛行士が、形や距離を判断するのに非常に苦労するのと同じです。

え、ここ4000年ほどのことですが）。カール・セーガンの小説『コンタクト』を思い出します。言い換えれば、進化した宇宙人が人間に、あなたは興味深い種族だが、成熟するには数百万年かかると告げるという話です。

　このエッセイは、観察者の視点を広く理解しようとする試みの一部です。私は目の湾曲したレンズを通して、直接届く光、あるいは周辺視野を通して届く光を見ています。それは、環境の中で絶えず反射され、再反射される光の一部に過ぎません。[2]

---

2 大気圏を透過するのは主に可視光（約400～700ナノメートル）と、それより長波長の赤外線、マイクロ波、電波です。私たちの目は、いわゆる可視スペクトルを利用するように進化してきました。なぜなら、それが生存に必要十分な波長だからです。http://hyperphysics.phy-astr.gsu.edu/hbase/ems1.html

光子、あるいは電子という用語は、単に便利な表現に過ぎません。「静かな水に石を投げ入れると、水の粒子はただ上昇し、そして下降するだけです。光速で伝わるのは、電磁波源からの擾乱（仮想粒子によって引き起こされる変動する振幅と周波数の励起）であり、光子ではありません。」— オーストラリア国立大学、ロドニー・バートレット。https://core.ac.uk/download/pdf/186330043.pdf#page=6

　それは、数兆もの光子と電子の相互作用を伴う、広範囲にわたる放射線の混合物なのです。[3] それでも、私は様々な速度と距離における、明確な輪郭や複雑な動き、そして微妙な色合いや質感、そして機器を用いれば月面の細部や遠方の天文現象までも見ることができます。

　これらすべてが、実存的な問いを提起します。私たちが昼夜を問わず晴天に恵まれる惑星で、知的で視覚を持つ存在として進化してきたのは、稀有な要因の組み合わせによるのかもしれません。だからこそ、外向的な科学と哲学、つまり地球と宇宙の大部分を捉えることができる科学と哲学を追求できるようになったのです。これは、水面やガスで覆われた惑星に住む知的生命体とは対照的でしょう。

――――――――――――――――

3 大気圏を透過するのは主に可視光線（約400〜700ナノメートル）と、それより長波長の赤外線、マイクロ波、電波です。私たちの目は、生存に必要な可視光線を利用できるように進化してきました。Contact by Carl Sagan
http://hyperphysics.phy-astr.gsu.edu/hbase/ems1.html

　　水面の月光と雪面の太陽光を例に挙げ、以下の点について考察します。

- 自然界における光の反射の物理学

- 観測者の位置の重要性。

図1. オンタリオ湖に輝く半月。カナダ、オンタリオ州プリンスエドワード郡から南西方向を望む。2013年8月18日午前4時30分（著者撮影）。

水面の月光

　　大きな湖の岸辺に立って、南（私の場合は北半球）を向いているところを想像してみてください。向こう岸は見えません。月は天頂のほぼ半分のところにあり、水面にきらめく線を落とし、その中心ははっきりとこちらに向いています（図1）。

　　月の下の地平線に向かって反射が濃くなり、端に向かうにつれて薄くなり、最後には暗い水面だけが残ります。いくつかのきらめきは瞬間的に他のきらめきよりも明るくなり、数秒ごとに周囲の水面が遠くでちらつきます。このきらめく線は、特定の瞬間に同じように配列した水分子からの光によって生じており、原子に入射した光線が私の方向に光線を発生させます。より正確に言うと、私は一瞬だけ私の方向に光子を放出する原子からの光を見ており、その役割はその後他の原子に引き継がれます。

　　水面にきらめく月光は、多くの反射が重なり合った結果です。ファインマン（1963

）は「すべての強度の合計」という表現を
用いています。

　　「光源の中で起こるのは、まず一つの原
子が放射し、次に別の原子が放射し、とい
うように繰り返される。そして、原子が一
連の波を放射するのはわずか10の−8乗秒（
10ナノ秒）程度であることは既に述べたと
おりである。その後、おそらくある原子が
放射を引き継ぎ、次に別の原子が放射を引
き継ぎ、というように繰り返される。…確
かに、平均化時間が10分の1秒しかない人間
の目には、二つの異なる光源の干渉を見る
ことは全く不可能である。…したがって、
多くの場合、干渉の影響は見えず、すべて
の強度の合計に等しい集合的な強度しか見
えないのである。」（ファインマン、第1巻
32-4ページ）

　　これが、私が地平線（距離は約5km）ま
で一直線に輝くゲシュタルトを見る理由を
説明しています。100メートルほど横に歩
くと、別の水域から同じような角度で発せ
られる光が、再び月明かりの帯を私の目に
届ける場所に入ります。きらめく光は私を

追ってきました。水分子は常に波打っているため、多くの原子が刻々と光子を私に送っている可能性があります。遠くでは、線は月の下の地平線上の方位点に固定され、次に岸辺の私に固定されます（月は東向きに公転しており、私は比較的速く東向きに自転している地球上にいますが、一時的には月が固定されていると見なすことができます）。例えば私から1キロメートル離れた別の観測者には、月明かりの帯が彼らに向けられます。

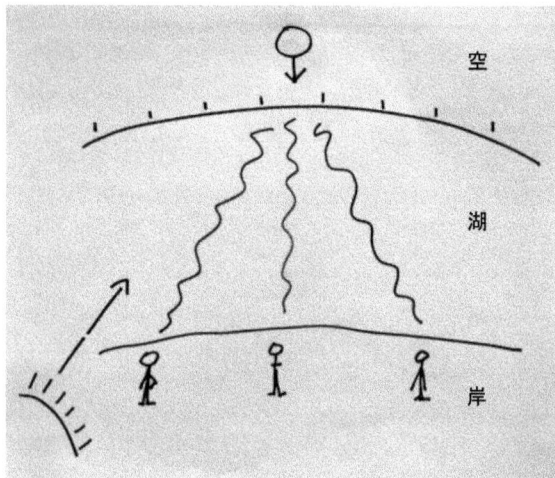

図2．月の光は地球の夜側と湖全体にほぼ平行に照射されます。観測者それぞれが、図1に示した通り、月に向かう明るい軌跡をそれぞれ見ることができます。（著者によるスケッチ）。

　　彼らがどこにいても、浜辺の観測者は同様の幻影を見ることになります（図2）。つまり、水面全体がそれぞれの光を反射しているに違いありません。観察者はより明るい光として見ます。

　1キロメートルにわたる海岸に10メートルごとに柱を立て、湖にカメラを向けて撮影したと想像してください。すべての写真を調査すると、湖面の大部分が月光に照らされて輝いていることがわかります。カメラのシャッタースピードは約1/100秒で、ファインマンの1/100,000,000秒の100万倍も長いので、その間にカメラは非常に多くの光子を受け取っていることになります。その画像は、人間の目で見るもの、つまり水面の輝く帯に似たものになります。もし、10ナノ秒のシャッタースピードでシーンを記録できれば、ほんの少しの光子、つまりその瞬間にカメラに光線を放射するように整列している湖面の原子からの光子だけが入り、シーンの「瞬間」だけが捉えられます。すると、記録された画像には、雪原の雪の結晶のような一貫した線ではなく、水面上のきらめく点がいくつか映し出されるだけになります。

反射とは何ですか?

　　私たちの自然環境は、ほぼ完全に反射太陽光によって照らされています。「反射」という言葉は単純すぎるかもしれませんが（それでも私はこの言葉を使います）、私たちは光子と電子の間の数兆回の相互作用の結果を目にしています。これは量子電気力学（QED）の領域であり、「光子と荷電粒子、特に電子との相互作用を記述する理論」です（Stetz, 2007）。

　ファインマン（1963、1979）やこの分野の他の研究者によると、光波は物質の表面に衝突し、物質中の電子にエネルギーを与え、電子を「揺らめかせ」て新しい光子を放出します。[4].

---

4 「放射線ビームが原子に当たると、原子内の電荷（電子）が運動する。運動する電子は、様々な方向に放射する。」― リチャード・ファインマン、『ファインマン物理学講義 1961–1963』第1巻 図32-2。Richard Feynman, The Feynman Lectures on Physics 1961–1963. Vol. I Fig. 32-2. https://www.feynmanlectures.caltech.edu/I_32.html

「原子物体（電子、陽子、中性子、光子など）の量子的挙動はどれも同じであり、すべて『粒子波』である。」― リチャード・ファインマン、『ファインマン物理学講義 1961–1963』第3巻 図1-1。Richard Feynman, The Feynman Lectures on Physics 1961–1963. Vol. III 1-1https://www.feynmanlectures.caltech.edu/III_01.html

Steinhardt (2004) は光の定義を次のように示しています。

「光を考える最も良い方法は、量子状態においてのみ放出または吸収される波として捉えることです。しかし、その中間の状態でも光は波です。光は波のように移動し、波のように回折し、波のように曲がり、波のように干渉します。しかし、光は波のように放出も吸収もされるのではなく、粒子のように放出されます。これが量子力学における有名な『波動粒子二重性』です。」(Steinhardt, 2004, p. 13)

原子に衝突した光は、電子を原子核の周りのより高い軌道へと移動させると言えるでしょう。(図3)。この時点で原子は不安定であり、ランダムな瞬間に電子はより低い軌道へと下降し、光子が放出されます(Polkinghorne, 2002)。あるいは、近くの自由電子が即座に「空孔を埋める」ことで同様の結果が生じることもあります。

スネルの法則[5]光の放射角は入射角と等しくなければならないと述べています。

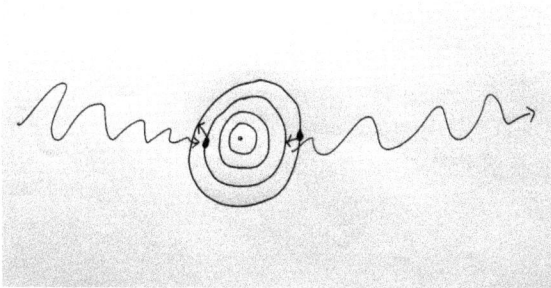

図3. 表面からの光の反射は次のように説明できます。光子（L）が物体表面の原子に衝突し、電子を励起して高い「軌道」へ移動させます。この軌道が不安定になると、電子は低い軌道へ下降するか、別の電子がその隙間を埋め、光子（R）が生成されます。（著者によるスケッチ）。

---

5 Willebrord Snellius ウィレブロルド・スネル（1580-1626）は、古代哲学者たちに先見の明があり、デカルト、フェルマー、ホイヘンス、マクスウェルなどに影響を与えたオランダの天文学者です。スネルの法則は、光が異なる媒質を通過する際の入射角と屈折角の関係を規定しています。https://en.wikipedia.org/wiki/Snell's_law

これは、20世紀初頭にラザフォードによって開発された「惑星」モデルに基づいた説明である。[6]ボーア[7].

しかし、その後登場したモデルでは、電子は原子核の周りの確率の雲の中に存在し、その中での位置は不確定であると考えられており、「…巣の周りをブンブン飛び回るミツバチのように、速すぎてはっきりと見ることができない」と考えられている。[8]

---

6 Ernest Rutherford アーネスト・ラザフォード（1871年〜1937年）は、ニュージーランド生まれの物理学者で、マギル大学、マンチェスター大学、ケンブリッジ大学で活躍しました。
https://www.nobelprize.org/prizes/chemistry/1908/rutherford/biographical

7 Niels Bohr ニールス・ボーア（1885年〜1962年）は、マンチェスターでラザフォードと共に研究し、コペンハーゲン大学で教鞭をとったデンマークの物理学者です。
https://www.nobelprize.org/prizes/physics/1922/bohr/biographical

8 Philip Ball フィリップ・ボール（1962-）『元素論　ごく短い入門』（p. 78）。オックスフォード：オックスフォード大学出版局。https://en.wikipedia.org/wiki/Philip_Ball

拡散と鏡面

　自然環境では、私たちの周囲にあるのは主に拡散反射による色彩と微妙な陰影ですが、時折、白い鏡面反射も見られます。水面にきらめく太陽や月、蜘蛛の巣や滑らかな岩のきらめきなどです。人新世では、もちろん屋内外を問わず人工物による鏡面反射の例が数多く存在します。

　湖の上空高くから、低い太陽を背にビーチを振り返る鳥瞰図を想像してみてください。光は地球全体と湖面に均等に降り注いでいます。光が低い角度で水面に当たるため、電子は他の方向よりもビーチに向かう方向に光子を放出する可能性が高くなると言えます。岸辺のどこから見ても、水の大部分は青緑色に見えます（空や周囲からの拡散反射）。ただし、太陽に向かう線状の光は驚くほど白く（鏡面反射）。散乱した青緑色の光と輝く光は、同じ水面から同時に異なる観測者に放射されます。言い換えれば、ある人がきらめく線を見ているのに対し、別の人（例えば100メートル離れた人）は「普通の」拡散した青緑色の水を見ていて、その人も別の場所で自分のきらめく

Geldart

線を見ているかもしれません。重要なのは
、観察者が、自分から太陽に向かって伸び
る水面の線に鏡面反射を見てしまうことで
す。

　　私は湖の小さなボートに乗って、低い太
陽を見ています（図4）。太陽に向かって伸
びるきらめく水の線が見えます。これらの
原子の配列は、私の視点から見るとほぼ水
平に見えます。また、時折、私の横や背後
に、瞬間的に私の目に光線を送る原子から
のちらつきが見えるでしょう。

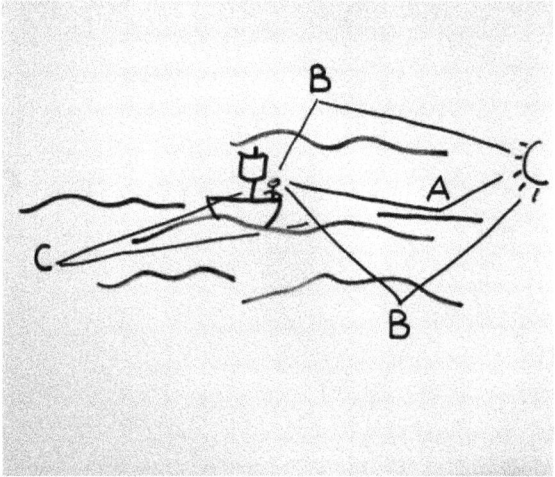

図4. 太陽が正面にあるとき（右）、（A）光源に向かって一直線に並ぶ鏡面光の線と、時折両側に輝く輝き（B）、そして時には背後から輝く輝き（C）が見える。（著者のスケッチ）。

雪に当たる太陽の光

　　鏡面反射は雪原にも顕著に見られます。太陽に向かって見ると、雪原一面に無数の小さな輝きが散りばめられています。10平方メートルの面積に、おそらく1000個ほどでしょう。それらは私が動くと消えたり現れたりします。これは非常に精密です。頭（目ではなく）をできるだけ動かさないようにすると、明るい点のパターンが変わります。隣接する点ではなく、雪原の他の点と向きが変わります。太陽の方を見た方が、横や後ろを見た時よりも輝きが多くなります。横や後ろを見た時では、輝きの数は半分ほどです。入射する太陽光（周囲からの反射光を含む）は、雪原全体の表面にある原子内の電子を励起し、雪の色の波長を拡散放射します。同時に、このプロセスは、雪の結晶に対して特定の位置にいる場合にのみ見える角度で光子を放射する原子から、全スペクトルの明るい白色光を放射します。多くの場合、白色光は分解され、個々の色が見えることがあります。近くにいる他の観察者は、雪原全体に異なる明るい

点のパターンを観測します。

　雪の上では、こうした鏡面反射効果は最大10メートルほどまで見えますが、水面に映る月光の場合は数キロメートルにも及びます。水面に映る光る帯は、私と共に絶えず動いています。なぜなら、膨大な数の水分子が光をコヒーレントに反射し、私に向かって反射するからです。原子は互いにぶつかり合い、私の目に光を送っていたはずの原子が、もはや光を送っていない代わりに、常に新しい原子が現れるのです。それらは雪の結晶のような役割を果たしています。言い換えれば、雪原は水面のきらめきが凍りついたナノ秒のようなものなのです。

オブザーバーの視点

観察の主観的性質を強調するシナリオは他にもあります。ある冬の北国の日、太陽に向かっていると、葉の落ちた落葉樹が雪の上に長い影を落とし、その影が左右に広がっているのがはっきりと分かります（図5）。反対側を向くと、太陽を背にして、目の前の地平線上の消失点まで届く長い木々の影が見えます。これは錯覚に違いありません。なぜなら、垂直方向の航空写真では、木々の影は平行に見えるからです。しかし、私が立っている地面からは、まるで巨大なレンズの中心にいるかのような印象を受けます。

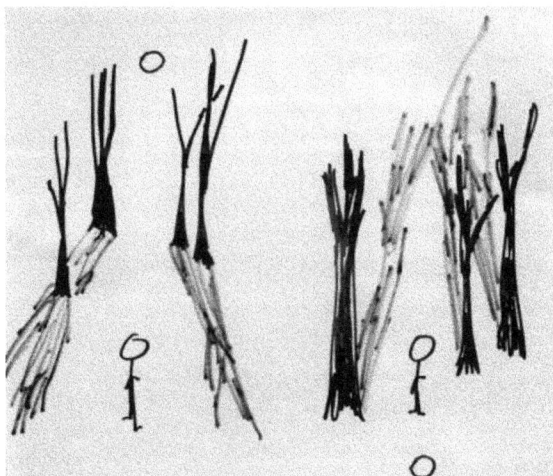

図5. 太陽に向かっているとき（左）、木の影は私の両側に広がり、私が向きを変えて別の方向を見ると（右）、地平線線上の消失点に収束します。（著者のスケッチ）。

　　雪の上の輝きに似た別の例として、太陽に向かってアスファルト道路を歩いていると、路面の約10%がキラキラ光る点（私が歩くにつれて模様が変化）として見え、残りはぼんやりとした鈍い黒色です。私たちは道路の黒い色をその本来の色として解釈しますが、キラキラ光る点を見ると、遠くから（つまり太陽から）来た光として解釈

します。[9] ,光子はすべてアスファルトの原子から発生するにもかかわらずです。

　繰り返しますが、小川のほとりで、水面に映る太陽の球体が見えます。私が歩いていると、その像が湖面に映る光の帯を凝縮したような形で私を追いかけます。もし（長くまっすぐな小川であれば）何キロも歩いても、同じ球体が私のそばに見えます。

　浜辺に戻り、歩いていくと、拡散反射と再反射によってわずかに異なる光を放つ場所（湾岸、遠くの木々、水面、空）へと入って行きます。私が今いる場所の光は、前の場所の光とはわずかに異なります。歩いていくうちに、何千もの光景に足を踏み入れることになるのです。水面にきらめく線が、岸近くに停泊している小さなボートと

---

9 Ludwig Wittgenstein ルートヴィヒ・ヴィトゲンシュタイン（1889–1951）は、1950年から1951年にかけてのノートの中で、このことに言及している。「もし印象が透明であると知覚されるならば、我々が見る白は、単に物体が白であると解釈されることはないだろう。」G.E.M.アンスコム編『色彩に関する考察』（35ページ、項目140）オックスフォード、バジル・ブラックウェル（1977年）。https://en.wikipedia.org/wiki/Markets_on_Colour

重なるようにしましょう。私が浜辺を 100 メートル下っていくと、もちろんボートは元の位置にありますが、私と一緒に動いた鏡面反射からは外れ、さらに目の前の光景全体の光が微妙に変化します。放射の「固定された」背景はなく、物体、表面、水、大気の固定された物理的世界があるだけです。

図 6. « Un Missionnaire du Moyen Âge raconte qu'il avait trouvé le point où le ciel et la Terre se touchent... » [原文の省略記号] Camille Flammarion による『L'atmosphère météorologie Populaire』のイラスト。 163ページ。パリ: アシェット図書館など。 （1888年）。オンラインでは https://archive.org/details/McGillLibrary-125043-2586/page/n175 、パブリック ドメインでは https://commons.wikimedia.org/wiki/ ファイル: Flammarion.jpg

結論

　　光反射の物理学のいくつかの側面について議論し、光は物体から「跳ね返る」のではなく、物質の原子に吸収され、新たな光が放出されることを発見しました。私の立場は重要です。鏡面反射は光源と一直線になり、拡散背景の上を私とともに移動します。鏡面反射と拡散反射は、別々の観測者によって同時に同じ原子から観測されます。これはどのように可能なのでしょうか？量子力学はいくつかの答えを提供するかもしれませんが、すべてのパラダイムと同様に、いつかは取って代わられるでしょう。ニュートンの小石を思い出します。[10]そしてフラマリオンの版画（図6）は、常に知るべきことがあることを示唆する寓話です。

---

10 「私はまるで海辺で遊ぶ少年のようだったようだ。時折、普通より滑らかな小石やきれいな貝殻を見つけては楽しんでいたが、真実の大海原は私の前に未発見のまま広がっていたのだ。」— アイザック・ニュートン (1642–1727) ケンブリッジ大学フィッツウィリアム博物館。
Isaac Newton https://fitzmuseum.cam.ac.uk/objects-and-artworks/highlights/context/stories-and-histories/sir-isaac-newton

　本エッセイの例は——水面の太陽や雪面の月光でも同様ですが——私たち一人ひとりが、経験を通して共に生きることを学び、移り変わる周囲の景色や遠くの景色を巧みに知覚する光学的・心理的な泡の中にいることを示唆しています。私たちが瞬間瞬間に見る光の断片こそが、世界を調べ、考察することを可能にする枠組みなのです。

参考文献

Feynman, R. (1963). The Feynman Lectures on Physics 1961–1963. Vol. I 26-3, 32-2, 32-4; Vol. III 1-1, 32-2. ファインマン, R. (1963). 『ファインマン物理学講義 1961–1963』. 第1巻 26-3, 32-2, 32-4; 第3巻 1-1, 32-2. マイケル・A・ゴットリーブ、ルドルフ・ファイファー編. パサデナ: カリフォルニア工科大学. https://www.feynmanlectures.caltech.edu

Feynman, R. (1979). The Douglas Robb Memorial Lectures, ファインマン, R. (1979). 『ダグラス・ロブ記念講義』, オークランド大学, ニュージーランド. http://www.vega.org.uk/video/subseries/8

Polkinghorne, J. (2002) Quantum Theory:.. ポーキングホーン, J. (2002). 『量子論: ごく短い入門』. (pp. 11-13). オックスフォード: オックスフォード大学出版局 https://en.wikipedia.org/wiki/John_Polkinghorne

Steinhardt, P. (2004) 10. 光と量子物理学 (p. 13). プリンストン大学物理学部. https://phy.princeton.edu/people/paul-j-steinhardt

Stetz, A.W. (2007) 量子場の理論への非常に短い入門 (p. 5). https://sites.science.oregonstate.edu/~stetza/COURSES/ph654/ShortBook.pdf#page=5